我的进阶笔记

我的天赋日记

这是什么

记录那些感到强大或沮丧的瞬间

用在哪里

找到自己的天赋

如何使用

连续一周，记录自己每个感到强大或沮丧的瞬间，这个感受要求来自于事情本身，而非中奖之类的外部因素

时间	感到强大	感到沮丧
周一		
周二		
周三		
周四		
周五		
周六		
周日		

我的天赋盘点

这是什么

盘点那些感到强大的瞬间，是否具有天赋的特征

用在哪里

找到自己的天赋

如何使用

把所有感到强大的瞬间罗列出来，依次判断是否具有天赋特征

感到强大的瞬间	自我效能	本能	成长/专注	满足

天赋行动方案

这是什么

将弥补劣势的时间重新分配到发扬自身天赋上

用在哪里

更好地运用天赋

如何使用

做三个思考：

如果停止做那些跟弱势相关的事情，对结果会有什么影响吗

我的团队中，是否有人可以跟我互补？由TA来做这件事

这件事，可否用我的天赋来弥补

	具体事项
停止：如果我不去做会如何	
合作：能否找到互补团队成员	
替代：优势能否替代	

问题澄清清单

这是什么

需要在解决问题之前先澄清的问题

用在哪里

找到需要解决的真正问题

如何使用

澄清需求：我是否清楚该问题/任务的背景、目的、关键利益方、可用资源、时间要求

挖掘诉求：对方为什么会提这样的问题/TA的真正诉求是什么？这个诉求还可以通过什么方式实现？我可以怎么帮助TA实现

找准问题：这个问题解决了，事情就会都顺利了？我解决的只是表象问题、还是真正成因

确定关键：这个问题现在是否必须被解决？是否有其

它更加重要的问题需要我去花时间

确定可行：这个问题现在是否可以被解决？我解决这个问题大概需要多久？这个时间是否可以被接受

正确思考：这个问题我思量了多久？有没有进展？继续如此，是否有可能找到答案

步骤	澄清内容
澄清需求	
挖掘诉求	
找准问题	
确定关键	
确定可行	
正确思考	
结论	□ 需要解决　□ 放弃解决

我的结构库

这是什么

记录用来分析问题的框架

用在哪里

更有结构地沟通和解决问题

如何使用

平时遇到的有用的思维框架，把它记录汇总在这里，方便记忆和以后取用

框架名称	具体介绍	用途

创新的方法

这是什么

头脑风暴时可以思考的方向

用在哪里

遇到新问题时拓展思路

如何使用

在头脑风暴时分别回答这几个问题，有助于打开自己的思路，跳出思维惯性

5W1H	
Who 谁	
What 什么	
Why 为什么	
Where 哪里	
When 什么时候	
How 如何	

SCAMPER	
Substitute 替代	
Combine 合并	
Adapt 适应	
Modify 修改	
Put to another use 其它用途	
Eliminate 简化	
Reverse 反向	

解决问题的套路

这是什么

解决问题的5个步骤

用在哪里

解决问题

如何使用

澄清问题：问题是期望和现状之间的差距

分析问题：用分析框架，将大问题分解成小问题

提出假设：在所有可能的原因中，假设最有可能的一个或几个

验证假设：通过数据、事实等方式，对此前的假设进行验证，找出真正的原因

确定解决方案：根据找到的原因，提出并筛选、确定最终的解决方案

步骤	内容
澄清问题	
分析问题	
提出假设	
验证假设	
确定解决方案	

我的故事框架

这是什么

一个好故事应该具备的要素

用在哪里

需要说服他人时

如何使用

Situation 情形：事件发生的背景是什么

Task 任务：你当时要完成的任务是什么

Action 行动：你当时采取了什么行动

Result 结果：结果如何

要素	内容
S：Situation	
T：Task	
A：Action	
R：Result	

兴趣和擅长清单

这是什么

分析自我的问题清单

用在哪里

自我认知

如何使用

回忆自己的过往经历，回答清单里的问题

	兴趣
团队角色相关：你在作为团队成员的时候更加开心，还是作为团队领导的时候更加开心	
思维方式相关：你喜欢天马行空的创意类工作，还是框架下的逻辑思维工作	
工作环境相关：你在压力大的情况下，发挥得更好还是更差	
工作内容相关：你喜欢完善细节，还是分析宏观方向	
人际环境相关：你喜欢跟人打交道，还是跟任务打交道	
整体反思：你过往从事过的工作里面，哪些是你喜欢的，哪些是你排斥的	

	擅长
过去的工作中，哪些工作内容，让你感觉得心应手，而哪些让你觉得异常困难	
你因为什么样的成就而受到领导/同学的表扬、批评	
你在哪些领域的知识和技能比较多	
相比同龄人，你的能力优势在哪里，如思维、人际、运营等方面	

个人商业模式画布

这是什么

企业商业模式演变而来的个人版画布

用在哪里

职业诊断、职业规划、人生规划、职业选择

如何使用

职业诊断：按照序号顺序，基于现状，填写表格，查看各因素间不匹配的地方

个人规划：按照序号顺序，基于目标，填写表格，找到存在不足的因素，制定计划

职业选择：每个潜在选择，填写一份画布，对比几张画布，看哪个与自己更匹配

<table>
<tr><td colspan="10">个人商业模式画布</td></tr>
<tr><td colspan="2" rowspan="2">重要合作伙伴
（7）</td><td colspan="2">关键业务
（2）</td><td colspan="2" rowspan="2">价值服务
（4）</td><td colspan="2">客户关系
（6）</td><td colspan="2" rowspan="2">客户群体
（3）</td></tr>
<tr><td colspan="2">核心资源
（1）</td><td colspan="2">渠道通路
（5）</td></tr>
<tr><td colspan="5">成本结构
（9）</td><td colspan="5">收入来源
（8）</td></tr>
</table>

择业的考虑因素清单

这是什么

对职业或公司进行评分，然后做出选择

用在哪里

择业

如何使用

选择1和选择2分别填写职业或公司名称，具体情况中填写该职业/公司在该维度的具体细节，得分按照1–5分计，权重可按具体情况调整

			选择1		选择2	
			具体情况	得分	具体情况	得分
内部因素	热爱	20%				
	擅长	20%				
	需求	10%				
外部因素	提升	20%				
	伙伴	10%				
	发展	10%				
	声誉	5%				
	薪酬	5%				
加权得分						

求职卖点匹配清单

这是什么

职位需求和自身能力的匹配工具

用在哪里

求职之前进行卖点总结

如何使用

职位要求：填写企业的各条招聘要求

所属类别：分为知识、技能、能力和天赋四种，对应冰山模型

卖点：针对要求，提供自身经历加以佐证

匹配度：根据自身状况，匹配度分为高、中、低

职位要求	所属类别	卖点	匹配度

有效利用情绪清单

这是什么

应对情绪的步骤

用在哪里

利用情绪，发现和解决问题

如何使用

当自己情绪化时

认识情绪：理解情绪的客观存在和价值，不要试图暴力压制

觉察情绪：出现某种情绪时，叫出它的名字，并聆听它想传递的信息，意识到自己该做什么改变和决策

管理情绪：听到情绪的有用信息后，调整肢体语言，来引导和疏散情绪，并且，努力移除事件和情绪之间的条件反射

当对方情绪化时

感知情绪：观察他人，换位思考TA的感受，并为自己的情绪负责

应对情绪：牢记目标，不要争高下，或者做好人；通过提问、沟通来挖掘对方的真正需求；真诚沟通，引起共鸣，与对方达成共赢

自己陷入情绪	
步骤	具体分析
认识情绪	
觉察情绪	
管理情绪	

对方陷入情绪	
步骤	具体分析
感知情绪	
应对情绪	